BEI GRIN MACHT SICH IHR WISSEN BEZAHLT

Birgit Bergmann

Analysis in einer Variable. Lernzusammenfassung für Lehramtskandidaten

GRIN Verlag

Bibliografische Information der Deutschen Nationalbibliothek:

Die Deutsche Bibliothek verzeichnet diese Publikation in der Deutschen National-
bibliografie; detaillierte bibliografische Daten sind im Internet über http://dnb.d-
nb.de/ abrufbar.

Impressum:

Copyright © 2013 GRIN Verlag, Open Publishing GmbH
Druck und Bindung: Books on Demand GmbH, Norderstedt Germany
ISBN: 978-3-668-00594-5

Dieses Buch bei GRIN:

http://www.grin.com/de/e-book/302089/analysis-in-einer-variable-lernzusammen-
fassung-fuer-lehramtskandidaten

GRIN - Your knowledge has value

Der GRIN Verlag publiziert seit 1998 wissenschaftliche Arbeiten von Studenten, Hochschullehrern und anderen Akademikern als eBook und gedrucktes Buch. Die Verlagswebsite www.grin.com ist die ideale Plattform zur Veröffentlichung von Hausarbeiten, Abschlussarbeiten, wissenschaftlichen Aufsätzen, Dissertationen und Fachbüchern.

Besuchen Sie uns im Internet:

http://www.grin.com/

http://www.facebook.com/grincom

http://www.twitter.com/grin_com

UNIVERSITÄT WIEN

FAKULTÄT FÜR MATHEMATIK

Analysis in einer Variable für LAK (AieVfLAK)

abgetippt von:
Birgit BERGMANN

Wintersemester 2012

Inhaltsverzeichnis

3 ☐3 Differentiation

3.1 § 1 Differenzierbarkeit und Ableitung

3.1.1 Definitionen

Differenzenquotient

Sei $I \subseteq \mathbb{R}$ ein Intervall, $f : I \to \mathbb{R}$ und sei $\xi \in I$, $x \neq \xi$ heißt der Ausdruck $\dfrac{f(x) - f(\xi)}{x - \xi}$ **Differenzenquotient** von f bei ξ

Limes von Funktionen auf Intervallen

Sei $I \subseteq \mathbb{R}$ ein Intervall und sei $\xi \in I$. Wir schreiben $\lim\limits_{x \to \xi} f(x) = c$, falls für **jede** Folge $(x_n)_n$ in I mit $x_n \to \xi$ gilt, dass $f(x_n) \to c$

Differenzierbarkeit und Ableitung

Sei $I \subseteq \mathbb{R}$ ein Intervall, $f : I \to \mathbb{R}$ eine reelle Funktion.

(i) Sei $\xi \in I$. Die Funktion f heißt **differenzierbar** in ξ falls $\lim\limits_{\xi \neq x \to \xi} \dfrac{f(x) - f(\xi)}{x - \xi}$ oder was dasselbe ist

$\lim\limits_{0 \neq h \to 0} \dfrac{f(x + \xi) - f(x)}{h}$ existiert und endlich ist. Diesen Grenzwert nennen wir dann die Ableitung von f in ξ und schreiben $f'(\xi)$

(ii) Ist f differenzierbar in allen Punkten $\xi \in I$, dann heißt f **differenzierbar auf** I oder kurz differenzierbar.

3.1.2 Sätze mit Beweisen

Theorem: differenzierbar $\to$ stetig

Sei $I \subseteq \mathbb{R}$ ein Intervall und $f : I \to \mathbb{R}$ eine Funktion. Falls f differenzierbar in $\xi \in I$ ist, dann ist f auch stetig in ξ.

Beweis:

$x \neq \xi, x \in I$. Es gilt laut Voraussetzung: $f(x) - f(\xi) = \dfrac{f(x) - f(\xi)}{x - \xi}(x - \xi) \overset{x \to \xi}{\Rightarrow} f'(\xi) * 0 = 0$

also $f(x) \to f(\xi)(x \to \xi)$ und ist f stetig in ξ $\square$

Proposition: Grundoperationen & Differenzierbarkeit - Differentiationsregeln

Sei $I \subseteq \mathbb{R}$ ein Intervall, $\xi \in I, f, g : I \to \mathbb{R}$ seien differenzierbar in ξ. Dann gilt:

(i) **Linearkombination:** Für $\mu, \lambda \in \mathbb{R}$ ist $\lambda f + \mu g$ differenzierbar in ξ und es gilt: $(\lambda f + \mu g)'(\xi) = \lambda f'(\xi) + \mu g'(\xi)$

(ii) **Leibniz- oder Produktregel:** $f * g$ ist differenzierbar in ξ und es gilt: $(f * g)'(\xi) = f'(\xi) * g(\xi) + f(\xi) * g'(\xi)$

(iii) **Quotientenregel:** Falls $g(\xi) \neq 0$ dann ist $\frac{f}{g}$ differenzierbar in ξ und es gilt: $\left(\dfrac{f}{g}\right)'(\xi) = \dfrac{f'(\xi)g(\xi) - f(\xi)g'(\xi)}{g^2(\xi)}$

<u>Beweis:</u>

(i) folgt sofort aus den Grenzwertsätzen

(ii) Sei $0 \neq h$ mit $\xi + h \in I$. Dann gilt:
$$\frac{f(\xi+h)g(\xi+h) - f(\xi)g(\xi)}{h} = \frac{1}{h}[f(\xi+h)(g(\xi+h) - g(\xi)) + (f(\xi+h) - f(\xi))g(\xi)] =$$
$$f(\xi+h)\frac{g(\xi+h) - g(\xi)}{h} + \frac{f(\xi+h) - f(\xi)}{h}g(\xi) \overset{0 \neq h \to 0}{\to} f(\xi)g'(\xi) + f'(\xi)g(\xi)$$

(iii) Sei zunächst $f(x) = 1 \, \forall x \in I$. Für $0 \neq h$ mit $\xi + h \in I$ gilt
$$\frac{\frac{1}{g(\xi+h)} - \frac{1}{g(\xi)}}{h} = \frac{g(\xi) - g(\xi+h)}{h * g(\xi)g(\xi+h)} \overset{0 \neq h \to 0}{\to} -\frac{g'(\xi)}{g^2(\xi)}, \text{ also } \left(\frac{1}{g}\right)'(\xi) = -\frac{g'(\xi)}{g^2(\xi)} \quad (\star)$$
Der allgemeine Fall folgt nun aus $(\star)$ und (ii):
$$\left(\frac{f}{g}\right)'(\xi) = \left(f * \frac{1}{g}\right)'(\xi) \overset{(ii)}{=} f'(\xi) * \frac{1}{g(\xi)} + f(\xi)\left(\frac{1}{g}\right)'(\xi) \overset{(\star)}{=} \frac{f'(\xi)}{g(\xi)} - f(\xi)\frac{g'(\xi)}{g^2(\xi)} = \frac{f'(\xi)g(\xi) - f(\xi)g'(\xi)}{g^2(\xi)} \quad \square$$

Theorem: Differenzierbarkeit mittels linearer Approximation

Sei $f : I \to \mathbb{R}$ eine reelle Funktion auf dem Intervall I und sei $\xi \in I$. Dann gilt: $\exists a \in \mathbb{R} \, \exists$ Funktion $r : I \to \mathbb{R}$ sodass

f differenzierbar in $\xi \Leftrightarrow f(\xi + h) - f(\xi) = ah + r(h)$ und $\displaystyle\lim_{0 \neq h \to 0} \frac{r(h)}{h} = 0$

In diesem Fall ist $f'(\xi) = a$

<u>Beweis:</u>

($\Rightarrow$) Setze $r(h) = f(\xi + h) - f(\xi) - f'(\xi)h$. Für $h \neq 0$ mit der Eigenschaft $\xi + h \in I$ gilt dann
$$\frac{r(h)}{h} = \frac{f(\xi+h) - f(\xi)}{h} - f'(\xi) \overset{\text{VOR}}{\Rightarrow} f'(\xi) - f'(\xi) = 0 \text{ für } h \to 0$$
($\Leftarrow$) Sei wieder $h \neq 0$ und $\xi + h \in I$ laut Voraussetzung gilt: $\dfrac{f(\xi+h) - f(\xi)}{h} = a + \dfrac{r(h)}{h} \to a + 0 = a$

Also ist f differenzierbar in ξ mit Ableitung $f'(\xi) = a$ $\quad \square$

Theorem: Kettenregel

Seien $I, J \subseteq \mathbb{R}$ Intervalle und seien $f : I \to \mathbb{R}$ und $g : J \to \mathbb{R}$ reelle Funktionen mit $f(I) \subseteq J$. Ist f differenzierbar in $\xi \in I$ und g differenzierbar in $\eta = f(\xi) \in J$, dann ist die Verknüpfung $g \circ f : I \to \mathbb{R}$ differenzierbar in ξ und es gilt $(g \circ f)'(\xi) = g'(f(\xi)) * f'(\xi)$

Beweis:

Wir verwenden die Differenzierbarkeit mittels linearer Appromierung um die Voraussetzungen umzuschreiben

$(h, k$ sodass $\xi + h \in I$, $\eta + k \in J)$, $\eta = f(\xi)$

f differenzierbar in $\xi \Rightarrow f(\xi + h) - f(\xi) = f'(\xi)h + r_1(h) \quad (\star)$ mit $g_1(h) = \dfrac{r_1(h)}{h} \to 0$

g differenzierbar in $\eta = f(\xi) \Rightarrow g(\eta + k) - g(\eta) = g'(\eta)k + r_2(k) \quad (\star\star)$ mit $g_2(k) = \dfrac{r_2(k)}{k} \to 0$

Daraus folgt:

$g \circ f(\xi + h) - g \circ f(\xi) = g(f(\xi + h)) - g(f(\xi)) \overset{(\star\star)}{=} g'(f)(f(\xi + h) - f(\xi)) + r_2(f(\xi + h) - f(\xi)) \overset{(\star)}{=}$

$g'(f)(f'(\xi)h + r_1(h)) + r_2(f'(\xi)h + r_1(h)) = g'(f)f'(\xi)h \to r(h) \quad (\star\star\star)$

wobei: $r(h) = g'(\eta)r_1(h) + r_2(f'(\xi)h - r_1(h)) \overset{(\star\star\star)}{=} g'(\eta)\varrho_1(h)h + \varrho_2(f'(\xi)h - r_1(h))(f'(\xi)h - r_1(h))$ und da-

her: $\dfrac{r(h)}{h} = \underset{(\star)}{g'(\eta)} \underset{(\star\star)}{\varrho_1(h)} + \varrho_2(f'(\xi)h - r_1(h))(f'(\xi) - \varrho_1(h)) \to 0$

Nun folgt mit, dass $g \circ f$ differenzierbar in ξ ist mit $(g \circ f)'(\xi) \overset{(\star\star\star)}{=} g'(f(\xi))f'(\xi)$ $\qquad\square$

Theorem: Differenzierbarkeit der Umkehrfunktionen

Sei $f : I \to \mathbb{R}$ streng monoton und stetig auf dem Intervall I. Ist f differenzierbar in $\xi \in I$ mit $\boldsymbol{f'(\xi) \neq 0}$, dann ist

die Umkehrfunktion $f^{-1} : J = f(I) \to I$ differenzierbar und $\eta = f(\xi)$ und es gilt $\boldsymbol{\left(f^{-1}\right)'(\xi)} = \dfrac{1}{f'(f^{-1}(\eta))}$

Beweis:

Sei $(\eta_n)_n$ eine Folge in $J\backslash\{\eta\}$ mit $\eta_n \to \eta$ für $n \to \infty$

f bijektiv $\Rightarrow (\xi_n) = \left(f^{-1}(\eta_n)\right)$ ist eine Folge in $I\backslash\{\xi\}$

f^{-1} stetig $\Rightarrow \xi_n \to \xi$ für $n \to \infty$

Daher gilt : $\dfrac{f^{-1}(\eta_n) - f^{-1}(\eta)}{\eta_n - \eta} = \dfrac{\xi_n - \xi}{f(\xi_n) - f(\xi)} \overset{\substack{f \text{ differenzierbar in } \xi,\ f'(\xi)\neq 0}}{\to} \dfrac{1}{f'(\xi)}$ für $n \to \infty$

Daher ist f^{-1} differenzierbar in η mit $\left(f^{-1}\right)'(\eta) = \dfrac{1}{f'(\xi)} = \dfrac{1}{f'(f^{-1}(\eta))}$ $\qquad\square$

3.1.3 Grundideen

Geometrische Interpretation der Differenzierbarkeit als lineare Approximation

Die Tangente an f in $(\xi, f(\xi))$ definiert als $g(x) = f(x) + f'(\xi)(x - \xi)$ ist für x nahe bei ξ (h klein) eine gute

Approximation (weil $\dfrac{r(h)}{h} \to 0$)

Abbildung 1: Differenzierbarkeit mittels linearer Approximation

3.2 § 2 EIGENSCHAFTEN DER DIFFERENZIERBARKEIT

3.2.1 Definitionen

Sprechweise/Notation - innere und Randpunkte von Intervallen

Sei I ein Intervall

(i) Falls I **beschränkt** ist, also I von der Form $[a, b], [a, b), (a, b], (a, b)$, dann heißen a und b Randpunkte von I.

(ii) Falls I halbbeschränkt ist, also von der Form $(a, \infty), [a, \infty), (-\infty, b), (-\infty, b]$, dann heißen a und b Randpunkte von I.

(iii) $\xi \in I$ **innere Punkte**, falls ξ kein Randpunkt ist

Menge der inneren Punkte von $[a, b] : (a, b)$ und $[a, b) : (a, b)$

Lokale Extrema

Sei $f : I \to \mathbb{R}$ eine reelle Funktion

(i) Ein Punkt $\xi \in I$ heißt **lokales Maximum** von f, falls $\exists \varepsilon > 0 \, \forall x \in U_\varepsilon(\xi) \cap I : f(x) \leqslant f(\xi)$

(ii) Der Punkt heißt **striktes lokales Maximum** von f, falls $\exists \varepsilon > 0 \, \forall x \in U_\varepsilon(\xi) \cap I : f(x) < f(\xi)$

(iii) Analog sind (strikte) lokale Minima definiert, d.h. $\exists \varepsilon > 0 \, \forall x \in U_\epsilon(\xi) \cap I : f(x) \geqslant f(\xi)$ bzw.
$\exists \varepsilon > 0 \, \forall x \in U_\varepsilon(\xi) \cap I : f(x) > f(\xi)$

(iv) In beiden Fällen spricht man von (strikten) lokalen Extremstellen oder Extrema.

Lipschitzstetigkeit

Funktionen, die lokale Extrema besitzen heißen **Lipschitz-stetig** oder **dehnungsbeschränkt**, genauer

$f : I \to \mathbb{R}$ heißt Lipschitz-stetig, falls $\exists C > 0 : |f(x) - f(y)| \leq C|x - y| \, \forall x, y \in I$.

Die Funktionswere liegen also nicht weiter auseinander als die Argumente mal einer fixen Konstante C, genannt Dehnungsschranke.

Konvexe Funktionen

Sei $f : I \to \mathbb{R}$ eine Funktion auf dem Intervall I.

(i) Wir nennen f **konvex** (linksgekrümmt), falls $\forall x_1, x_2 \in I$ und $\forall \lambda \in [0, 1]$:

$f(\lambda x_1 + (1-\lambda)x_2) \leqslant \lambda f(x_1) + (1-\lambda)f(x_2)$ gilt.

(ii) Wir nennen f **konkav**, falls $-f$ konvex ist.

3.2.2 Sätze mit Beweisen

Proposition: Notwendige Bedingung für lokale Extrema

Sei $f: I \to \mathbb{R}$ differenzierbar und sei ξ innerer Punkt und lokales Extremum von f. Dann gilt: $\boldsymbol{f'(\xi) = 0}$

Beweis:

Wir behandeln nur den Fall des Maximums (Minimum analog). Sei also ξ ein (nicht notwendigerweise striktes) lokales Maximum. Dann gilt: $\exists \varepsilon > 0 \; \forall x \in U_\varepsilon(\xi): f(\xi) \geqslant f(x)$

f differenzierbar in ξ: $\displaystyle\lim_{x \nearrow \xi} \frac{f(x)-f(\xi)}{x-\xi} = f'(\xi) = \lim_{x \searrow \xi} \frac{f(x)-f(\xi)}{x-\xi} \Longrightarrow 0 \leq f'(\xi) \leq 0 \Rightarrow f'(\xi) = 0 \quad \square$

Theorem: Mittelwertsatz; kurz: MWS

Sei $f: [a,b] \to \mathbb{R}$ stetig und differenzierbar auf (a,b). Dann gibt es ein $\xi \in (a,b)$ mit $\boldsymbol{f'(\xi) = \dfrac{f(b)-f(a)}{b-a}}$ oder was dasselbe ist $\boldsymbol{f(b) - f(a) = f'(\xi) * (b-a)}$

Beweis:

Sei f wie im Theorem. Wir definieren $g(x) := f(x) - \dfrac{f(b)-f(a)}{b-a}(x-a)$. Dann ist g stetig auf $[a,b]$, differenzierbar auf (a,b) und $g(a) = f(a) = g(b) \overset{\text{Rolle}}{\Rightarrow} \exists \xi \in (a,b)$ mit $0 = g'(\xi) = f'(\xi) - \dfrac{f(b)-f(a)}{b-a} \quad \square$

Lemma: Satz von Rolle

Sei $f: [a,b] \to \mathbb{R}$ stetig und differenzierbar auf (a,b). Falls $\boldsymbol{f(a) = f(b)}$. dann gilt es ein $\xi \in (a,b)$ mit $f'(\xi) = 0$.

Beweis:

(1) Falls f konstant ist, ist die Aussage trivial. Sei also f nicht konstant $\Rightarrow \exists x \in (a,b)$ mit $f(x) > f(a)$ oder $f(x) < f(a)$; sei o.B.d.A $f(x) > f(a) = f(b)$ $(\star)$

(sonst analog)

(2) f stetig auf $[a,b] \Rightarrow f$ hat ein Maximum in $[a,b]$ d.h. $\exists \xi \in [a,b]$ mit $f(\xi) \geqslant f(x) \; \forall x \in [a,b]$ $(\star\star)$

(3) Wegen $(\star)$ kann ξ nicht am Rand liegen, also ist ξ innerer Punkt $[\xi \in (a,b)]$[beachte $(\star\star)$]

$\to f'(\xi) = 0 \quad \square$

Korollar: Wachstumsschranken

Sei $f : [a, b] \to \mathbb{R}$ stetig und differenzierbar auf (a, b)

(i) Falls f' **beschränkt** ist, d.h. $\exists C > 0$ mit $|f'(x)| \leq C \,\forall x \in (a, b)$, dann gilt für alle $x_1, x_2 \in [a, b]$:

$|f(x_2) - f(x_1)| \leq C |x_2 - x_1|$

(ii) Falls $f'(x) = 0 \,\forall x \in (a, b)$, dann ist f **konstant**

Beweis:

(i) Sei f wie in der Behauptung. Dann gilt $\forall x_1, x_2 \in [a, b]$
$|f(x_2) - f(x_1)| = |f'(\xi)| \, |x_2 - x_1| \overset{\text{MWS}}{\leq} C |x_2 - x_1| \quad (\star)$

(ii) laut Voraussetzung ist $f'(x) = 0 \,\forall x \in (a, b) \overset{(\star), C=0}{\Rightarrow} f(x_2) = f(x_1) \,\forall x \in [a, b] \Rightarrow$ Funktion konstant $\square$

Proposition: Monotonie und Ableitung

Sei $f : [a, b] \to \mathbb{R}$ stetig, differenzierbar auf (a, b). Dann gilt:

(i) $f'(x) > 0 \,\forall x \in (a, b) \Leftrightarrow f$ **monoton wachsend** auf $[a, b]$

(ii) $f'(x) \geq 0 \,\forall x \in (a, b) \Leftrightarrow f$ **streng monoton wachsend** auf $[a, b]$

(iii) Beide Punkte gelten analog für $f'(x) \leq (<)0$ und **(streng) monoton fallend**

Beweis:

(i) "$\Rightarrow$" und (ii): Indirekt angenommen f nicht (streng) monoton wachsend $\Rightarrow \exists x_1 < x_2 \in [a, b]$ mit
$f(x_1) > f(x_2) \, (f(x_1) \geq f(x_2)) \overset{\text{MWS}}{\Rightarrow} \exists \xi \in (x_1, x_2)$ mit $f'(\xi) = \dfrac{f(x_2) - f(x_1)}{x_2 - x_1} \Rightarrow f'(\xi) < 0$ (bzw. $f'(\xi) \leq 0$)
Widerspruch zur Voraussetzung! $\square$

Korollar: Hinreichende Bedingung für lokale Extrema

Sei $f : (a, b) \to \mathbb{R}$ differenzierbar, $\xi \in (a, b)$ und sei f: 2-mal differenzierbar in ξ. Dann gilt:

$f'(\xi) = 0$ und $f''(\xi) > 0 \, (f''(\xi) < 0) \Rightarrow f$ hat ein striktes lokales Minimum (Maximum) in ξ.

Beweis:

Sei ξ wie oben und $f'(\xi) = 0$, $f''(\xi) > 0$ [der andere Fall ist analog]$\Rightarrow 0 < f''(\xi) = \lim\limits_{\xi \neq x \to \xi} \dfrac{f'(\xi) - f'(x)}{\xi - x}$

$\Rightarrow \exists \varepsilon > 0$ sodass $\forall x \in (\xi - \varepsilon, \xi + \varepsilon) \quad 0 < \dfrac{f'(\xi) - f'(x)}{\xi - x} = \dfrac{f'(\xi)}{\xi - x}$

$\Rightarrow \forall x \in (\xi - \varepsilon, \xi) : f'(x) < 0 \Rightarrow f$ streng monoton fallend und $\forall x \in (\xi, \xi + \varepsilon) : f'(x) > 0 \Rightarrow f$ streng monoton

wachsend $\Rightarrow \xi$ ein striktes Minimum $\square$

Proposition: Konvexität via f''

Sei $f : (a, b) \to \mathbb{R}$ zweimal differenzierbar. Dann gilt: **f konvex $\Leftrightarrow f''(x) \geq 0 \; \forall x \in (a, b)$**

Lemma: Verallgemeinerter MWS; kurz: VMWS

Seien $f, g : [a, b] \to \mathbb{R}$ stetig und differenzierbar auf (a, b). Dann gibt es einen Punkt $\xi \in (a, b)$ mit

$$(f(b) - f(a))g'(\xi) = (g(b) - g(a))f'(\xi)$$

Beweis:

Wende den Satz von Rolle auf die Funktion $\varphi(x) = (f(b) - f(a))g(x) - (g(b) - g(a))f(x)$ $(x \in [a, b])$ an. $\qquad\square$

Satz: Regeln von de L'Hospital

Seien $f, g : (a, b) \to \mathbb{R}$ mit $a \in \mathbb{R} \cup \{-\infty\}, b \in \mathbb{R} \cup \{\infty\}$ differenzierbar und sei $g'(x) \neq 0 \; \forall x \in (a, b)$. Sei außerdem

(i) $\lim\limits_{x \searrow a} f(x) = 0 = \lim\limits_{x \searrow a} g(x)$ oder

(ii) $\lim\limits_{x \searrow a} g(x) = \pm\infty$

Dann gilt $\lim\limits_{x \searrow a} \dfrac{f(x)}{g(x)} = \lim\limits_{x \searrow a} \dfrac{f'(x)}{g'(x)}$, falls der rechte Limes existiert. Analoges gilt für den Limes $x \nearrow b$.

3.2.3 Grundideen

Geometrische Veranschaulichung der Idee von Extrema und Ableitung

Wir erwarten, dass - falls f differenzierbar - die Tangente in ξ waagrecht ist, d.h. $f'(\xi) = 0$. Tatsächlich ist das eine notwendige Bedingung.

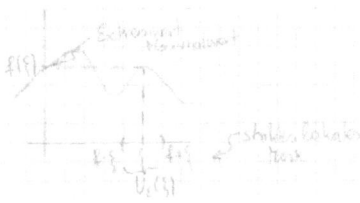

Abbildung 2: Idee von Extrema und Ableitung

Veranschaulichung des MWS

Es gibt einen Punkt $\xi \in (a, b)$ indem die Tangente parallel zur Sekante auf [a,b] ist

Abbildung 3: MWS

Geometrische Bedeutung der Lipschitzstetigkeit

Eine Funktion f mit $|f'(x)| \leq C \ \forall x$ kann nicht stärker wachsen als eine Gerade mit Anstieg C, bzw. $f(b)$ muss kleiner sein als $f(a) + C(b - a)$, also $f(b) - f(a) \leq C(b - a)$

Abbildung 4: Lipschitzstetigkeit

4 ⎡4⎤ INTEGRATION

4.1 § 1 DAS RIEMANN-INTERGAL

4.1.1 Definitionen

Treppenfunktion

(i) Eine Funktion $\varphi : [a,b] \to \mathbb{R}$ heißt **Treppenfunktion**, falls es eine endliche Zerlegung $\mathfrak{Z} = \{t_0, t_1, ..., t_n\}$ des Intervalls $[a,b]$ gibt, d.h. $t_i \in [a,b]$ mit $a = t_0 < t_1 < t_2 < ... < t_n = b$ und Konstanten $c_1, c_2, ..., c_n \in \mathbb{R}$ sodass $\varphi(t) = c_j$ falls $t \in (t_{j-1}, t_j)$ $(j = 1, ..., n)$

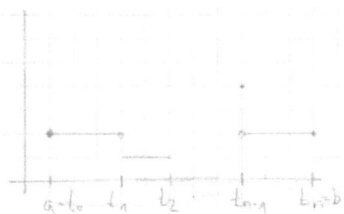

Abbildung 5: Treppenfunktion

(ii) Wir bezeichnen die **Menge der Treppenfunktionen** auf $[a,b]$ mit $\mathcal{T}[a,b] := \{\varphi : [a,b] \to \mathbb{R} | \varphi$ ist Treppenfunktion$\}$

Integral für Treppenfunktionen

Sei $\varphi \in \mathcal{T}[a,b]$ mit Zerlegung $\mathfrak{Z} = \{t_0, t_1, ..., t_n\}$ und werten $\varphi(t) = c_j$ $(t \in (t_{j-1}, t_j), 1 \leq j \leq n)$. Wir definieren das Integral von φ auf $[a,b]$ als $\displaystyle\int_a^b \varphi(t) dt := \sum_{j=1}^n c_j (t_j - t_{j-1})$

Riemann-Integral

Sei $f : [a,b] \to \mathbb{R}$ beschränkt

(i) Wir definieren das Ober- bzw. Unterintegral von f auf $[a,b]$, also
$$\int_a^{b^*} f(t)\, dt = \inf \left\{ \int_a^b \varphi(t)\, dt \,\middle|\, \varphi \in \mathcal{T}[a,b], f \leqslant \varphi \right\}$$
$$\int_{a^*}^b f(t)\, dt = \sup \left\{ \int_a^b \varphi(t)\, dt \,\middle|\, \varphi \in \mathcal{T}[a,b], \varphi \leqslant f \right\}$$

(ii) Wir nennen f Riemann-integrierbar, falls $\displaystyle\int_a^{b^*} f(t)\, dt = \int_{a^*}^b f(t)\, dt$

In diesem Fall definieren wir das **Riemann-Integral** von f auf $[a,b]$ also $\displaystyle\int_a^b f(t)\, dt = \int_a^{b^*} f(t)\, dt \left[= \int_{a^*}^b f(t)\, dt \right]$

positiver & negativer Teil einer Funktion

Sei $D \subseteq \mathbb{R}$ und $f : D \to \mathbb{R}$. Wir definieren den positiven und negativen Teil von f als

$$f^+(x) := \begin{cases} f(x) & \text{falls } f(x) > 0 \\ 0 & \text{sonst} \end{cases} \quad \text{und } f_-(x) := \begin{cases} -f(x) & \text{falls } f(x) < 0 \\ 0 & \text{sonst} \end{cases}$$

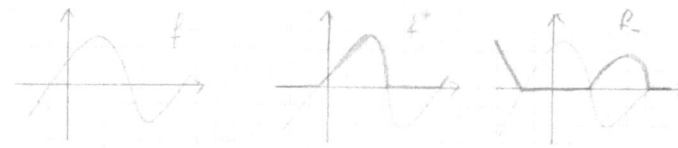

Abbildung 6: positiver und negativer Teil einer Funktion

4.1.2 Sätze mit Beweisen

Lemma: $\mathcal{T}[a, b]$ ist ein Vektorraum

Es gilt:

(i) $\varphi, \psi \in \mathcal{T}[a, b] \Rightarrow \varphi + \psi \in \mathcal{T}[a, b]$

(ii) $\varphi \in \mathcal{T}[a, b], \lambda \in \mathbb{R} \Rightarrow \lambda f \in \mathcal{T}[a, b]$

Mit anderen Worten $\mathcal{T}[a, b]$ ist ein Vektorraum über $\mathbb{R}$

Beweis:

(ii) ist sofort klar nach Definition $[\varphi(t) = c_j, t \in (t_{j-1}, t_j) \Rightarrow (\lambda f)(t) = \lambda f(t) = \lambda c_j, t \in (t_{j-1}, t_j)]$

(i) Aus den Zerlegungen $\mathfrak{Z} = \{t_0, ..., t_n\}$ für φ und $\mathfrak{Z}' = \{t_0', ..., t_n'\}$ für ψ erhält man die Zerlegung $\tilde{\mathfrak{Z}} := \mathfrak{Z} \cup \mathfrak{Z}'$. Diese kann man als $\tilde{\mathfrak{Z}} = \{a = s_0, s_1, ..., s_e = b\}$ schreiben wobei φ und ψ und damit $\varphi + \psi$ auf (s_{j-1}, s_j) konstant ist. $\square$

Proposition: Linearität und Monotonie des $\int$ auf $\mathcal{T}[a, b]$

Seien $\varphi, \psi \in \mathcal{T}[a, b]$ und sei $\lambda \in \mathbb{R}$, dann gilt

(i) $\displaystyle\int_a^b (\varphi + \psi)(t) dt = \int_a^b \varphi(t) \, dt + \int_a^b \psi(t) \, dt$

(ii) $\displaystyle\int_a^b (\lambda f)(t) dt = \lambda \int_a^b f(t) \, dt$

(iii) $\varphi \overset{\varphi(x) \leq \psi(x) \, \forall x \in [a,b]}{\leq} \psi \Rightarrow \displaystyle\int_a^b \varphi(t) \, dt \leq \int_a^b \psi(t) \, dt$

Beweis:

(i) Verwende für φ, ψ eine gemeinsame Zerlegung. Die gewünschten Eigenschaften folgen dann sofort aus den korrespondierenden Eigenschaften für endliche Summen.

(ii), (iii) klar ☐

Theorem: Integrabilitätskriterium - Einzwicken zwischen Treppenfunktionen

Sei $f : [a, b] \to \mathbb{R}$ beschränkt: Dann gilt $\forall \varepsilon > 0 \; \exists \varphi, \psi \in \mathcal{T}[a, b]$ mit f **Riemann-integrierbar** $\Leftrightarrow \psi \leq f \leq \varphi$

$$[0 \leq] \int_a^b f(t)dt = \int_a^b \psi(t)\,dt \leq \varepsilon$$

Korollar: stetige Funktionen und monotone Funktionen sind Riemann-integrierbar

(i) Jedes **stetige** $f : [a, b] \to \mathbb{R}$ ist Riemann-integrierbar.

(ii) Jedes **monotone** $f : [a, b] \to \mathbb{R}$ ist Riemann-intergrierbar.

Beweis:

(i) Sei $\varepsilon > 0 \Rightarrow \exists \varphi, \psi \in \mathcal{T}[a, b]$ mit $\psi \leq f \leq \varphi$ und $|\varphi(x) - \psi(x)| < \frac{\varepsilon}{b-a}$ $(\star)$

Daher gilt: $0 \leq \int_a^b \varphi(t)\,dt - \int_a^b \psi(t)\,dt - \int_a^b (\varphi - \psi)(t)dt \overset{(\star)}{\leq} \int_a^b \frac{\varepsilon}{b-a}\,dt \overset{t_0 = a, t_1 = b}{=} (b-a)\frac{\varepsilon}{b-a} = \varepsilon \Rightarrow f$ Riemann-integrierbar.

(ii) ohne Beweis ☐

Satz: Approximation stetiger Funktionen durch Treppenfunktionen

Sei $f : [a, b] \to \mathbb{R}$ stetig. Dann gilt $\forall \varepsilon > 0 \; \exists \varphi, \psi \in \mathcal{T}[a, b]$ mit den Eigenschaften:

(a) $\psi \leq f \leq \varphi$

(b) $|\varphi(x) - \psi(x)| \leq \varepsilon \; \forall x \in [a, b]$

Proposition: Linearität und Monotonie für das Riemann-Integral

Seien $f, g : [a, b] \to \mathbb{R}$, Riemann-integrierbar und sei $\alpha \in \mathbb{R}$. Dann gilt:

(i) $f + g$ ist Riemann-integrierbar und $\int_a^b (f+g)(t)dt = \int_a^b f(t)\,dt + \int_a^b g(t)\,dt$

(ii) αf ist Riemann-integrierbar und $\int_a^b (\alpha f)(t)dt = \alpha \int_a^b f(t)\,dt$

(iii) $f \leq g \Rightarrow \int_a^b f(t)\,dt \leq \int_a^b g(t)\,dt$

Proposition: Dreiecks-Ungleichung für Riemann-Integral

Sei $f : [a,b] \to \mathbb{R}$ Riemann-integrierbar, dann ist auch f^+, f_- und $|f|$ Riemann-integrierbar und es gilt:

$$\left| \int_a^b f(t)\,dt \right| \leq \int_a^b |f(t)|\,dt$$

Beweis:

- Wir beweisen zuerst die Riemann-Intergrierbarkeit von f^+. Sei $\varepsilon > 0 \Rightarrow \exists \varphi, \psi \in \mathcal{T}[a,b]$ mit $\psi \leq f \leq \varphi$ und $0 \leq \int \varphi - \int \psi \leq \varepsilon$. Nun sind φ^+und $\psi^+ \in \mathcal{T}[a,b]$ mit $\psi^+ \leq f^+ \leq \varphi^+$ und es gilt $\varphi^+ - \varphi = f_- \leq \psi_- = \psi^+ - \psi \Rightarrow \varphi^+ - \psi^+ \leq \varphi - \psi \Rightarrow 0 \leq \int \varphi^+ - \psi^+ \leq \int \varphi - \psi \leq \varepsilon \Rightarrow f^+$ ist Riemann $-$ integrierbar

- Die Riemann-Integrierbarkeit von f_- folgt analog

- $|f|$ ist Riemann-integrierbar wegen $|f| = f^+ + f^-$

- Schließlich gilt wegen $f \leq |f|, -f \leq |f| : \int f \leq \int |f|$ und $-\int f \leq \int |f|$ und somit $\left| \int f \right| \leq \int |f|$ $\qquad \square$

Korollar: Integrierbarkeit von Produkten

Seien $f, g : [a,b] \to \mathbb{R}$, Riemann-integrierbar. Dann gilt:

(i) $\forall p \in [1, \infty) : |f|^p$ **ist Riemann-integrierbar**

(ii) $f * g$ **ist Riemann-integrierbar**

Proposition: MWS der Integralrechnung

Seien $f, g : [a,b] \to \mathbb{R}$ stetig und sei $\varphi \geq 0$. Dann gibt es ein $\xi \in [a,b]$ sodass $\int_a^b f(t)\varphi(t)dt = f(\xi) \int_a^b \varphi(t)\,dt$.

Insbesondere ergibt sich mit $\varphi(t) = 1 \; \forall t \in [a,b] : \int_a^b f(t)dt = f(\xi)(b-a)$

Beweis:

f stetig auf $[a,b] \Rightarrow f$ beschränkt, d.h. $m := \inf\{f(x)|x \in [a,b]\}$ und $M := \sup\{f(x)|x \in [a,b]\}$ existieren $\Rightarrow m \leq f \leq M \overset{\varphi \geq 0}{\Rightarrow} m\varphi \leq f\varphi \leq M\varphi \Rightarrow m \int_a^b \varphi \leq \int_a^b f\varphi \leq M \int_a^b \varphi \Rightarrow \exists \mu \in [m, M] : \int_a^b f\varphi = \mu \int_a^b \varphi$

$\overset{\text{ZWS}}{\Rightarrow} \exists \xi \in [a,b]$ mit $f(\xi) = \mu$, also $\int_a^b f\varphi = f(\xi) \int_a^b \varphi \; \square$

Theorem: Riemannsummen

f ist Riemann-integrierbar $\Leftrightarrow \exists s \in \mathbb{R}$ mit der Eigenschaft $\forall \varepsilon > 0 \; \exists \delta > 0$ sodass für jede Zerlegung $\mathfrak{Z}$ mit $\mu(\mathfrak{Z}) < \delta : |S(\mathfrak{Z}, f) - s| < \varepsilon$

In diesem Fall gilt: $s = \int_a^b f(t)\,dt$

4.1.3 Grundideen

Geometrische Motivation des Integralbegriffs

Sei $f : [a, b] \to \mathbb{R}$ eine positive Funktion. Wir wollen den Flächeninhalt zwischen dem Graphen von f und der x-Achse bestimmen. Falls f "hinreichend flach" ist, dann können wir erwarten, dass die Fläche gut durch Rechtecksflächen approximiert werden kann. Die Fläche der Rechtecke können wir aber auch als Fläche unter dem Graphen einer Treppenfunktion auffassen.

$$A \approx \sum_{j=1}^{n} c_j \, (t_j - t_{j-1}) = \sum_{j=1}^{n} \varphi \, (t_j) \, (t_j - t_{j-1})$$

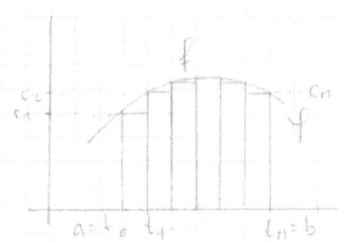

Abbildung 7: Integralbegriff

Geometrische Bedeutung von $\int \varphi$

Ist φ positiv, dann ist $\int \varphi$ gerade die Fläche unter dem Graphen. Hat φ negative Werte, so werden die Rechtecksflächen subtrahiert ($c_j < 0$!)

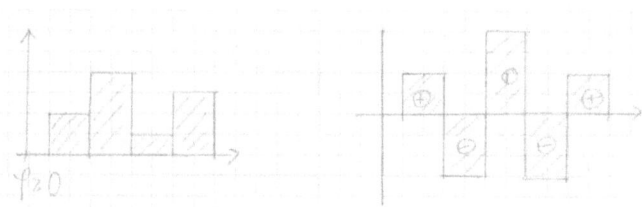

Abbildung 8: $\int \varphi$

Grundidee des Riemann-Integrals

Sei $f : [a,b] \to \mathbb{R}$ eine beschränkte Funktion. betrachten alle Treppenfunktionen $\varphi \in \mathcal{T}[a,b]$ mit $f \leq \varphi$ und das Infimum über alle Integrale solcher φ's also $\alpha = \inf \left\{ \int_a^b \varphi(t)\,dt \,\middle|\, \varphi \in \mathcal{T}[a,b], f \leq \varphi \right\}$. Analog dazu: $\beta = \sup \left\{ \int_a^b \varphi(t)\,dt \,\middle|\, \varphi \in \mathcal{T}[a,b], \varphi \leq f \right\}$. Falls diese beiden Zahlen a und b übereinstimmen, also $\alpha = \beta$ gilt $[\beta \leq \alpha]$, dann werden wir $\int_a^b f(t)\,dt = \alpha = \beta$ definieren.

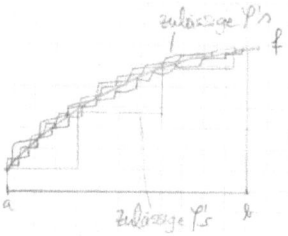

Abbildung 9: Riemann-Integral

Graphische Veranschaulichung des MWS Integralrechnung

Fläche A unter dem Graphen von f. Anschaulich ist klar, dass es ein Rechteck über $[a,b]$ mit Fläche A geben muss. Dessen Höhe μ liegt im Bild $f[a,b]$ und daher wird nach ZWS μ angenommen, d.h. $\exists \xi \in [a,b]$ mit $f(\xi) = \mu$ also $A = f(\xi)(b-a)$

Abbildung 10: MWS Integralrechnung

4.2 § 2 Intergrieren und Ableitung

4.2.1 Definitionen

Stammfunktion

Sei $I \subseteq \mathbb{R}$ ein Intervall und sei $f : I \to \mathbb{R}$ eine reelle Funktion. Eine Funktion $F : I \to \mathbb{R}$ heißt **Stammfunktion** von f auf I, falls $F'(x) = f(x) \; \forall x \in I$

4.2.2 Sätze mit Beweisen

Proposition: Differenz von Stammfunktionen

Sei $F : I \to \mathbb{R}$ eine Stammfunktion zu $f : I \to \mathbb{R}$. Für $G : I \to \mathbb{R}$ gilt:

G ist ebenfalls Stammfunktion von $f \Leftrightarrow F - G$ ist konstant

Beweis:

($\Rightarrow$) G ist Stammfunktion von $f \Rightarrow G' = f = F' \Rightarrow (F - G)'(x) = 0 \; \forall x \in I \Rightarrow F - G$ konstant

($\Leftarrow$) Sei $G(x) = F(x) + c \; (c \in \mathbb{R}) \Rightarrow G$ differenzierbar und es gilt $G' = (F + c)' = F' = f$ $\qquad \square$

Theorem: Hauptsatz der Differential- und Integralrechnung; kurz: HsDI

Sei $f : I \to \mathbb{R}$ stetig und seien $a, b \in I$ beliebig.

(i) Die Funktion $F : I \to \mathbb{R}, F(x) = \displaystyle\int_a^x f(t)\, dt \quad (\star)$

ist stetig differenzierbar $\left(F \in \mathcal{C}^1(I)\right)$ und $F' = f$. Insbesondere ist F eine Stammfunktion von f auf I.

(ii) Sei F eine (beliebige) Stammfunktion von f, dann gilt: $\displaystyle\int_a^b f(t)\, dt = F(b) - F(a)$

Beweis:

(i) f stetig $\Rightarrow f$ Riemann-integrierbar und $(\star)$ ist sinnvoll, daher F definiert. Wir berechnen den Differenzenquotien-

ten von F in $x \in I$ beliebig. Sei $0 \neq h$ so, dass $x + h \in I$. Dann gilt:

$$\frac{F(x+h) - F(x)}{h} = \frac{1}{h}\left(\int_a^{x+h} f(t)\, dt - \int_a^x f(t)\, dt\right) = \frac{1}{h}\int_a^{x+h} f(t)\, dt \quad (\triangle)$$

$$\overset{\text{MWS}}{\Rightarrow} \exists \, \xi_h \in [x, x+h] \text{ mit } \int_x^{x+h} f(t)\, dt = f(\xi_h)\, h \quad (\triangle\triangle)$$

Bemerke $\xi_h \to x$ falls $h \to 0 \left[|x - \xi_h| \leq |x - (x+h)| = |h| \to 0\right]$

Daher erhalten wir $\dfrac{F(x+h) - F(x)}{h} \overset{(\triangle),(\triangle\triangle)}{=} f(\xi_h) \overset{f \text{ stetig}}{\to} f(x)$

Also gilt $F' = f$ und somit ist F' auch stetig

(ii) Definiere G wir in $(\star)$, also $G(x) = \displaystyle\int_a^x f(t)\, dt \overset{(i)}{\Rightarrow} G$ ist Stammfunktion von f. Sei F beliebige Stammfunktion von $f \Rightarrow F = G + c \; (c \in \mathbb{R})$

Daher gilt: $F(b) - F(a) = G(b) - G(a) = \int_a^b f + \int_a^a f = \int_a^b f(t)\,dt$ $\square$

Proposition: Partielle Integration

Seien $f, g : [a, b] \to \mathbb{R}$ stetig differenzierbar, dann gilt: $\int_a^b f'(t)g(t)dt = f(t)g(t)|_a^b - \int_a^b f(t)g'(t)dt$

Beweis:

Wir setzen $F = f * g \Rightarrow F' = f' * g + f * g'$ und daher

$f(t)g(t)|_a^b = F(t)|_a^b = \int_a^b F'(t)dt = \int_a^b f'(t)g(t)dt + \int_a^b f(t)g'(t)dt$ $\square$

Proposition: Substitutionsregel

Sei $f : I \to \mathbb{R}$ stetig und sei $\varphi : [a, b] \to \mathbb{R}$ stetig differenzierbar mit $\varphi([a, b]) \subseteq I$. Dann gibt es:

$\int_a^b f(\varphi(t))\varphi'(t)dt = \int_{\varphi(a)}^{\varphi(b)} f(x)\,dx$

4.2.3 Grundideen

Veranschaulichung des HsDI

Sei $F(x) = \int_a^x f(t)\,dt$ dann gilt für den Differenzquotienten von F bei x:

$\dfrac{F(x + h) - f(x)}{h} = \dfrac{\int_x^{x+h} f(t)\,dt}{h} = (\star)$

Der Zähler entspricht der schraffierten Fläche. Diese ist ca. $f(x) * h$ und daher $(\star) \approx \dfrac{f(x) * h}{h} = f(x)$

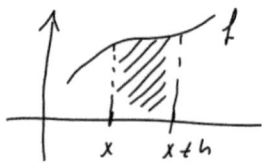

Abbildung 11: HsDI

4.3 § 4 Uneigentiche Integrale

4.3.1 Definitionen

Uneigentliche Integrale - Fall 1: Unendliche Integralgrenzen

Sei $f : [a, \infty) \to \mathbb{R}$ eine reelle Funktion mit der Eigenschaft f ist Riemann-integrierbar auf jedem Intervall $[a, R]$ mit $a < R < \infty$. Falls $\lim\limits_{R \to \infty} \int_a^R f(t)\, dt$ existiert und endlich ist, so heißt $\int_a^\infty f(t)\, dt$ konvergent und wir setzen $\int_a^\infty f(t)\, dt = \lim\limits_{R \to \infty} \int_a^R f(t)\, dt$

Analog für $f : (-\infty, b] \to \mathbb{R}$

Uneigentliche Integrale - Fall 2: Integral an einer Integrationsgrenze unbeschränkt/undefiniert

Sei $f : [a, b] \to \mathbb{R}$ eine reelle Funktion mit der Eigenschaft f ist Riemann-integrierbar auf jedem Intervall $[a+\varepsilon, b] (\varepsilon > 0)$. Falls $\lim\limits_{\varepsilon \searrow 0} \int_{a+\varepsilon}^b f(t)\, dt$ existiert und endlich ist, so heißt $\int_a^b f(t)\, dt$ konvergent und wir setzen

$$\int_a^b f(t)\, dt = \lim\limits_{\varepsilon \searrow 0} \int_{a+\varepsilon}^b f(t)\, dt$$

Analog für $f : [a, b) \to \mathbb{R}$

Uneigentliche Integrale - Fall 3: kombinierter Fall - beide Intervallgrenzen kritisch

Sei $-\infty \leq a < b \leq \infty$ und $f : (a, b) \to \mathbb{R}$ eine reelle Funktion mit der Eigenschaft f ist Riemann-integrierbar auf jedem Intervall $[\alpha, \beta]$ mit $a < \alpha < \beta < b$. Falls für ein beliebiges $c \in (a, b)$ die uneigentlichen Integrale $\int_a^c f(t)\, dt$ und $\int_c^b f(t)\, dt$ konvergieren, so heißt $\int_a^b f(t)\, dt$ konvergent und wir setzen $\int_a^b f(t)\, dt = \int_a^c f(t)\, dt + \int_c^b f(t)\, dt$

4.3.2 Sätze mit Beweisen

Proposition: Konvergenztests für uneigentliche Integrale

Sei $f : [a, \infty) \to \mathbb{R}$ wie in Definition ("Fall 1"), d.h. f Riemann-integrierbar für jedes Intervall $[a, R]$ mit $a < R < \infty$. Dann gilt:

(i) Cauchyprinzip
$$\int_a^\infty f(t) dt \text{ konvergiert} \Leftrightarrow \forall \varepsilon > 0 \; \exists R > a : \forall r, s > R : \left| \int_r^s f(t)\, dt \right| < \varepsilon$$

(ii) Majorantenkriterium

Sei $h : [a, \infty) \to \mathbb{R}$, $h \geq 0$ und $\int_a^\infty h < \infty$. Falls $|f(x)| \leq h(x) \; \forall x > a \Rightarrow \int_a^\infty f(t)\, dt < \infty$

(iii) Minorantenkriterium

Sei $g : [a, \infty) \to \mathbb{R}$, $g \geq 0$ und $\int_a^\infty g(t)\, dt$ divergiert. Falls $f(x) \geq g(x) \; \forall x > a \Rightarrow \int_a^\infty f(t)\, dt$ **divergiert**

Beweis:

(i) "$\Leftarrow$": Sei (R_n) eine Folge mit $R_n \to \infty$ für $n \to \infty$. Sei $\varepsilon > 0$ wähle $R > a$ wie in der Bedingung

$\Rightarrow \exists N \in \mathbb{N}$

$R_n > R \, \forall n \geq N \overset{\text{VQR}}{\Rightarrow} \left| \int_{R_m}^{R_n} f(x)\,dx \right| < \varepsilon \, \forall m, n \geq N$

$\Rightarrow \left(\int_a^{R_n} f(x)\,dx \right)_n$ ist eine Cauchyfolge $\left[a_n = \int_a^{R_n} f(t)\,dt \right] \Rightarrow \left(\int_a^{R_n} f(t)\,dt \right)_n$ konvergiert $\Rightarrow \lim_{R \to \infty} \int_a^R f(y)\,dy$
existiert

"$\Rightarrow$": Indirekt angenommen: $\int_a^\infty f < \infty$ aber die Bedingung auf der rechten Seite ist falsch, d.h.

$\exists \varepsilon > 0 \, \forall n \in \mathbb{N}$

$\exists r_n, s_n > n : \left| \int_{r_n}^{s_n} f(t)\,dt \right| \geq \varepsilon \quad (\star)$

Nun gilt es $s_n, r_n \to \infty$ für $n \to \infty$ und wir definieren eine neue Folge R_n durch Vermischung, d.h. $R_{2k} = r_k$

und $R_{2k+1} = s_k \ (k \in \mathbb{N}) \Rightarrow R_n \to \infty \ (n \to \infty)$ und weil $\int f < \infty \Rightarrow \left(\int_a^{R_n} f(t)\,dt \right)_n$ konvergiert

$\Rightarrow \left(\int_a^{R_n} f(\xi)\,d\xi \right)_m$ ist Cauchyfolge. Widerspruch zu $(\star)$!

(ii) Folgt aus (i)

Verwenden (i) für h : Sei $\varepsilon > 0$ und R wie in (i) rechte Seite für h und $r, s > R$:

$\left| \int_r^s f(z)\,dz \right| \overset{\triangle-\text{Ungl}}{\leq} \int_r^s |f(t)|\,dt \leq \int_r^s h(t)\,dt < \varepsilon \overset{(i)}{\Rightarrow} \int f < \infty$

(iii) Folgt sofort aus (ii): Indirekt angenommen $\int f < \infty \overset{(ii)}{\Rightarrow} \int g < \infty$

Widerspruch zur Voraussetzung! $\qquad \square$

Proposition: Integraltest für Reihen

Sei $f : [1, \infty) \to [0, \infty)$ eine monotone Funktion. Dann gilt: $\sum_{n=1}^{\infty} f(n)$ **konvergiert** $\Leftrightarrow \int_{-1}^{\infty} f(t)\,dt$ **konvergiert**

Beweisidee:

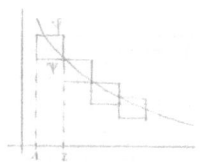

Abbildung 12: Integraltest

$\varphi(x) = f(n)$ und $\psi(x) = f(n+1)$ wobei $n \leq x < n+1$

$\sum_{n=2}^{N} f(n) = \int_1^N \psi \leq \int_1^N f \leq \int_1^N \varphi = \sum_{n=1}^{N-1} f(n)$

$\to$ Das liefert alles! $\qquad \square$